ISBN 978-1-365-42063-4

Informazzjoni dwar it-tqala
L-ewwel tmien gimghat tat-tqala

Tradott minn
Elizabeth Cassar

Mahrug mid-Departiment tal-Ostetrija u Ginekologica
Skola Medika ta' l-Universitá ta' Malta
Malta

2014

L-original bl' Ingliz mehuda mis-sit:
http://www.nhs.uk/conditions/pregnancy-and-baby/pages/pregnancy-weeks-4-5-6-7-8.aspx#close
Traduzzjoni bil-Malti mahruga mid-Departiment tal-Ostetrija u Ginekologica
Skola Medika ta' l-Universitá ta' Malta, Malta
2014

© Department of Obstetrics & Gynaecology, UMMS, 2014

CONTENTS

L-EWWEL TLETT GIMGHAT	10
IR-RABA' GIMGHA	11
IL-HAMES GIMGHA	13
IS-SITT GIMGHA	15
IS-SEBA' GIMGHA	16
IT-TMIN GIMGHA	17
BEJN ID-DISA' GIMGHA U T-TNAX IL-GIMGHA	
TAT-TQALA	18
IT-TIENI TRIMESTRU	
L-IZVILUPP TAL-FETU	
BEJN TLETTAX U SITTAX IL-GIMGHA	19
L-GHOXRIN GIMGHA	20
IT-TIELET TRIMESTRU	
L-IZVILUPP TAL-FETU	
FL-ERBA U GHOXRIN GIMGHA	21
BEJN IL-HAMSA U GHOXRIN U T-TMIENJA U GHOXRIN GIMGHA	22
BEJN ID-DISA U GHOXRIN U T-TNEJN U TLETIN GIMGHA	23
BEJN IT-TMIENJA U TLETIN U L-ERBGHIN GIMGHA	24
IL-GISEM TA' L-OMM FIL-BIDU TAT-TQALA	25
TILQIM	26

JEKK JAGHTIK HASS HAZIN	28
X'GHANDK TAGHMEL JEKK TKUN TQILA	29
BZONNIJIET PARTIKULARI WAQT IT-TQALA	30
GWIDA GHAN-NISA LI JAHDMU	32
X'GHANDEK TIEKOL	34
X'MA GHANDEKX TIEKOL	37
EZERCIZZJI WAQT IT-TQALA	38
PARIR DWAR L-ILBIES	40
AFFARIJIET ESSENZJALI FIL-BASKET LI TRID TIEHU L-ISPTAR	41
AFFARIJIET ESSENZJALI FIL-BASKET LI TRID TIEHU GHAT-TARBIJA	42
KURA GHAL SAQAJK WAQT IT-TQALA	43
BUGHAWWIEG	45
IL-MUMENT META TREDDGHA IT-TARBIJA	46

L-EWWEL TLETT GIMGHAT

Il-gimghat tat-tqala jibdew jinghaddu mill-ewwel gurnata tac-ciklu mestrwali meta attwalment saret il-fertilizazzjoni. Dan iffisser li fl-ewwel zewgt gimghat, il-mara ma tkunx proprju tqila imma tkun qed tipprepara ghall-ovulazzjoni bhas-soltu. L-ovulazzjoni ssir xi gimghatejn wara l-ewwel gurnata tac-ciklu mestrwali dejjem jekk ic-ciklu jkun ta' madwar 28 gurnata. Il-data ta' l-ovulazzjoni tiddependi mit-tul tac-ciklu mestrwali .

Fit-tielet gimgha mill-bidu tac-ciklu menstrwali, jigifieri madwar gimgha wara l-ovulazzjoni u l-fertilizazzjoni mis-sperma tar-ragel, l-bajda fertili timxi tul it-tubi ta' Fallopju u tidhol fil-guf [utru]. Il-bajda, li tibda bhalha cellula singulari, tiddividi ruha sakemm meta tasal fil-guf tkun tikkonsisti minn madwar mitt cellula. F'dan l-istadju, dawn ic-celloli flimkien jissejhu embriju. Fil-guf, jibda il-process ta' implantazzjoni fejn l-embriju jidhol fir-rita [lega] tal-guf.

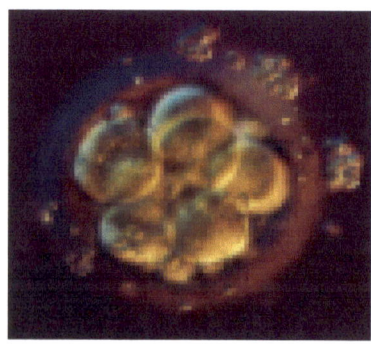 

Embriju fit-tielet ġimgħa **Implantazzjoni**

IR-RABA' GIMGHA

Fir-raba' u l-hames gimgha tat-tqala, l-embriju jikber u jizviluppa gewwa r-rita tal-guf. Ic-celluli ta' quddiem jiffurmaw rabta mad-demm tal-omm u jizvillupaw fil-placenta [sekonda]. Ic-celluli mill-placenta jikbru gewwa l-guf u jistabbilixxu provvista tad-demm u nutrijenti ghat-tarbija fil-guf. Sakemm tkun qed tifforma u tizviluppa il-placenta, fl-ewwel gimghat tat-tqala, l-embriju jkun imwahhal flimkien ma borza zghira li tipprovdi in-nuttirjenti li hemm bzonn. Meta l-placenta tizviluppa, din tiehu ir-rwol tat-trasferiment ta nutrijenti, u l-borza zghira tisparrixxi.

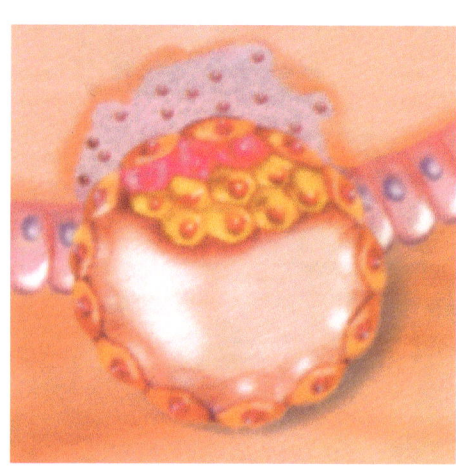

Il-kumplament tac-celloli jiffurmaw grupp li jissejjah "il-massa tac-celluli ta' gewwa". Dawn jiffurmaw f'zewg saffi u aktar tard fi tlieta. Kull saff jikber u jifforma f'partijiet differenti mill-gisem tat-tarbija. Is-saff ta gewwa. li hu msejjah 'endoderm', jifforma is-sistema respiratorja u digestiva, jigifieri il-pulmun, l-istonku, l-imsaren u l-buzzieqa tal-awrina. Is-saff tan-nofs, li hu msejjah 'mesoderm', jifforma l-qalb, l-vini, l-muskoli u l-ghadam tat-tarbija. Fil-waqt li s-saff ta barra, li jissejjah 'ectoderm', jifforma fil-mohh, s-sistema newrali, l-lenti tal-ghajnejn, l-izmalt tas-snin, il-gilda u ddwiefer tat-tarbija. Spazju mimli ilma, imbaghad jifforma bejn iccelloli li jiffurmaw il-placenta u '-massa tac-celloli ta' gewwa. Dan l-ilma jizdied biex eventwalment jifforma il-borza tal-borqom.

IL-HAMES GIMGHA

Fil-hames gimgha tat-tqala huwa z-zmien meta jkun hemm l-ewwel ciklu maqbuz u huwa wkoll iz-zmien fejn il-mara tibda tinduna li tista tkun tqila. Madanakollu, l-embriju jkun diga ifforma sostanzjalment u huwa twil madwar zewg millimetri. Is-sistema newrali tat-tarbija diga tibda tizviluppa u l-pedamenti ghall-organi magguri diga huma f'posthom.

Meta s-saff ta barra jizviluppa, jifforma indentazzjoni superficjali li jinghalaq b' s-saff ta' celluli biex jifforma tubu vojt. Dan huwa t-tubu newrali li minnu jifforma l-mohh u l-ispina dorsali tat-tarbija. Difett f'dan it-tubu newrali fit-tarf tad-denb jwassal ghal- 'spina bifida', fil-waqt li difett fil-bidu tad-denb jista jwassal ghal 'anencephaly' li hi meta r-ras ma tiffurmax sewwa. Nafu li dan il-process huwa dippendenti hafna fuq il-prezenza tal-vitamina folika, vitamina li ghandha titiehed minn kull mara li qieghdha tippjana biex titqal biex tnaqqas ir-riskju ta' dawn id-diffetti fis-sistema newrali.

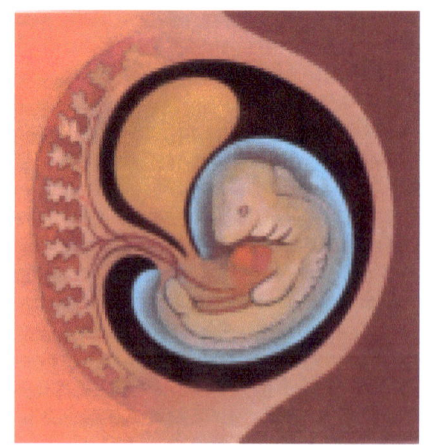

Fl-istess zmien, il-qalb wkoll tiehu forma, inizjalment f' tubu, u t-tarbija tizviluppa ukoll ftit vini. Hekk id-demm jibda jiccirkola. Is-sistema tac-cirkolazzjoni tad-demm tinghaqad mal-placenta permezz tal-kurdun.

IS-SITT GIMGHA

Sakemm tasal bejn is-sitt u s-seba gimgha tat-tqala, tidher bhal nefha hdejn il-qalb u hotba fit-tarf tat-tubu newrali. Il-hotba tigi l-mohh u r-ras tat-tarbija. L-embriju jintlewa u jkollu denb u tarah bhalli kieku 'tadpole' zghir. Jista jkun ukoll li f'dan l-istadju tista tara il-qalb thabbat f'altraswnd vaginali.

L-izvilupp tas-saqajn u l-idejn jibda jidher ukoll. Bhal zewg bocci fil-gnub tar-ras jibdew jidhru wkoll li dawn imbaghad jiffurmaw fil-widnejn u tnejn ohra quddiem li jiffurmaw fl-ghajnejn. Sa dan l-istadju, l-embriju, jkun miksi b'saff irqieq li jidher minnu.

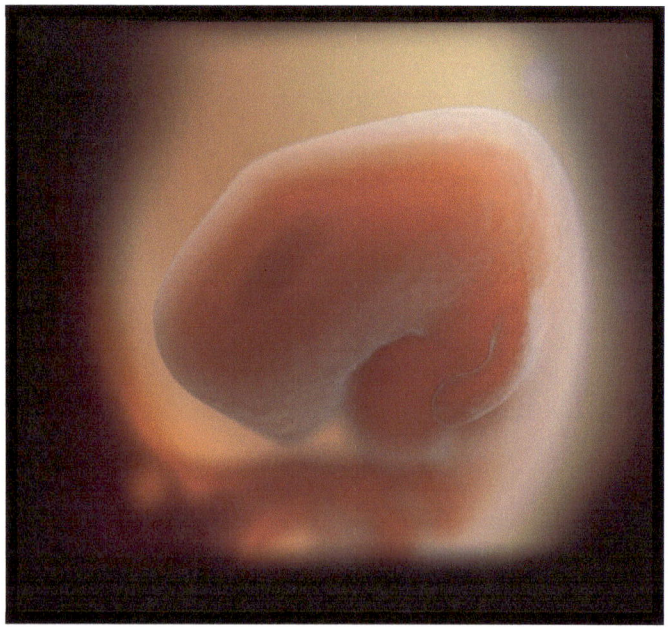

IS-SEBA' GIMGHA

Sas-sebgha gimgha, l-embriju, jkun kiber madwar ghaxar millimetri mir-ras sas-saqajn. Dan il-qies isejjhulu 'Crown-rump length'. Il-mohh jikber malajr u dan jirrizulta li jikber qabel il-kumplament tal-gisem.

L-embriju ghandu l-mohh ga kbir fil-waqt li ghajnejh u widnejh jibdew jizviluppaw. Il-gewwieni tal-widna, fil-genb tal-wicc, ma jkunx jidher qabel xi gimghatejn wara.

Jibda wkoll jizviluppa l-ghadam tar-rigel u ta l-idejn fejn dawn fl-ahhar jiccattjaw u jsiru pali tal-idejn. Ic-celluli tan-nervituri jimmultiplikaw u jizviluppaw is-sistema nevrotika (il-mohh u l-ispina dorsali) tibda tiehu forma.

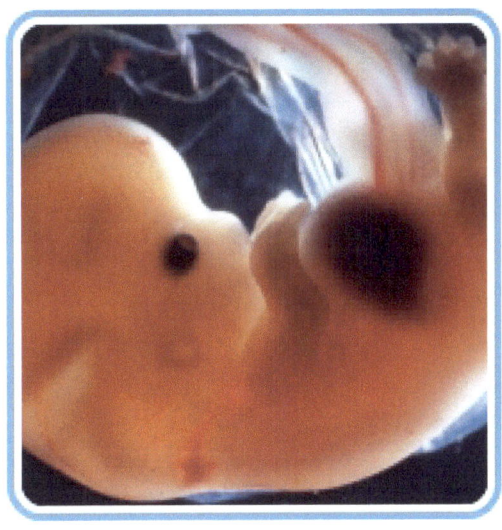

IT-TMIN GIMGHA

Kif tasal fit-tmin gimgha tat-tqala, it-tarbija tissejjah fetu, li tfisser ' fergh'.

Is-saqajn jitwalu u jibdew jiffurmaw ghalkemm mhux ghal kollox ghax ikun baqa l-irkoppa, l-ghaksa il-pexxun u s-swaba tas-saqajn biex jizviluppaw.

Il-fetu xorta jkun fil-borza u l-placenta tkompli tizviluppa u tifforma strutturi minn fejn jghaddi d-demm ta l-omm li jaqqghad il-placenta mal-guf. F'dan l-istadju, il-fetu xorta jkun ghadu nutrit mill-borza.

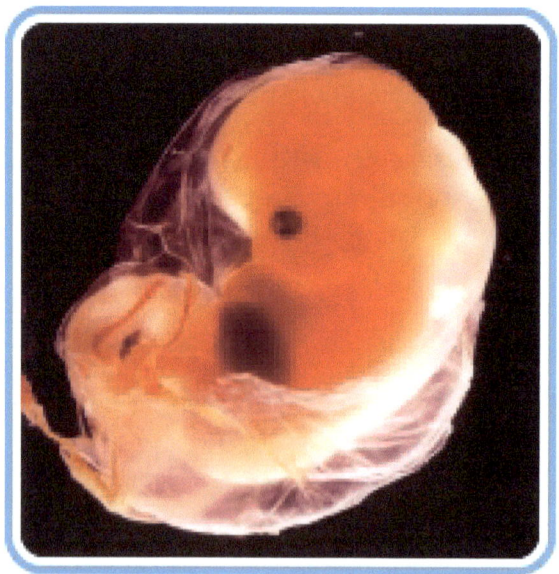

BEJN ID-DISA U T-TNAX IL-GIMGHA TAT-TQALA

F'dan l-istadju l-qalb tat-tarbija tkun kompletament zviluppata u t-tahbit tal-qalb tat-tarbija tista tisimghu fuq il-magna ghand it-tabib. Hafna mill-organi issa jkunu zviluppaw u c-celloli il-homor jipproducufil-fwied. Il-wicc tat-tarbija jkun iffurmat tajjeb u l-ghajnejn kwazi zviluppati. L-ghotjien tal-ghajnejn jinghalqu u ma jergghux jinfethu sa 28 gimgha. L-idejn is-saqajn, swaba jkunu wkoll iffurmati. Id-dwiefer u d-dendul tal-widna jibdew jiffurmaw u anke il-hanek.

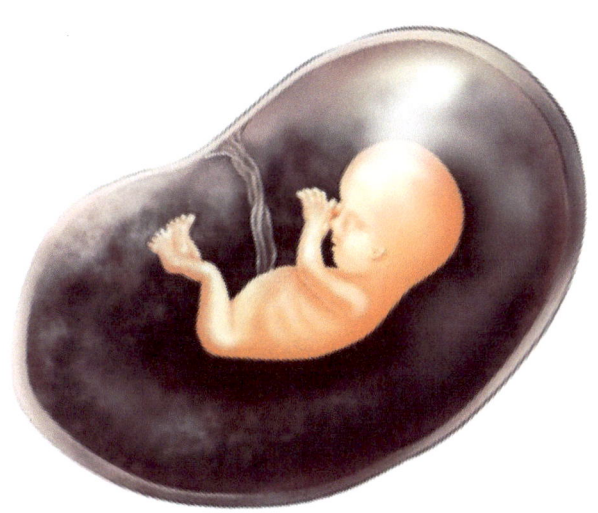

IT-TIENI TRIMESTRU

L-IZVILUPP TAL-FETU

BEJN IT-TLETTAX U S-SITTAX IL-GIMGHA

Il-mohh issa kompletament zviluppat u l-fetu jista jibla u jiehu nifs regolari. Il-gilda tal-fetu hija kwazi trasparenti, it-tessuti tal-muskoli twalu u l-ghadam qieghed isir aktar b'sahhtu. Il-fwied u l-organi qed jipproducu likwidu addattat. Ix-xaghar tal-ghajnejn u fuq l-ghajnejn jibda jidher u l-fetu jibda jaghmel movement.

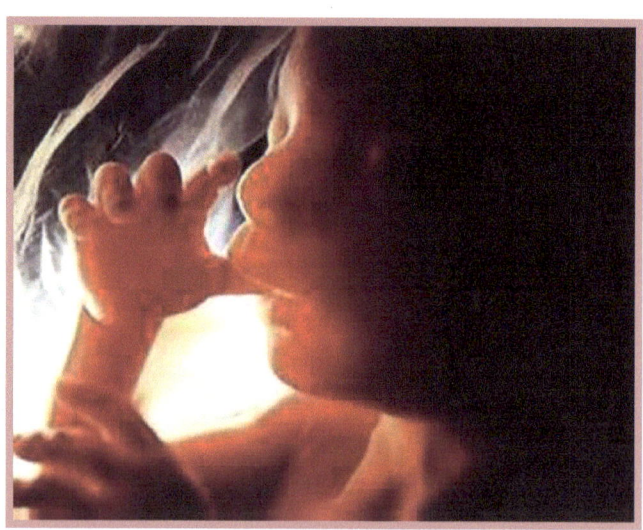

L-GHOXRIN GIMGHA

Generalment l-omm tibda thoss il-moviment fil-guf f'dan iz-zmien. Is-swaba tal-idejn u s-saqajn jibdew jidhru. Il-fetu jibda jisma u jaghraf il-lehen tal-omm u jista jkun ukoll li jidhru l-organi sessali tat-tarbija fuq l-ultrasawnd.

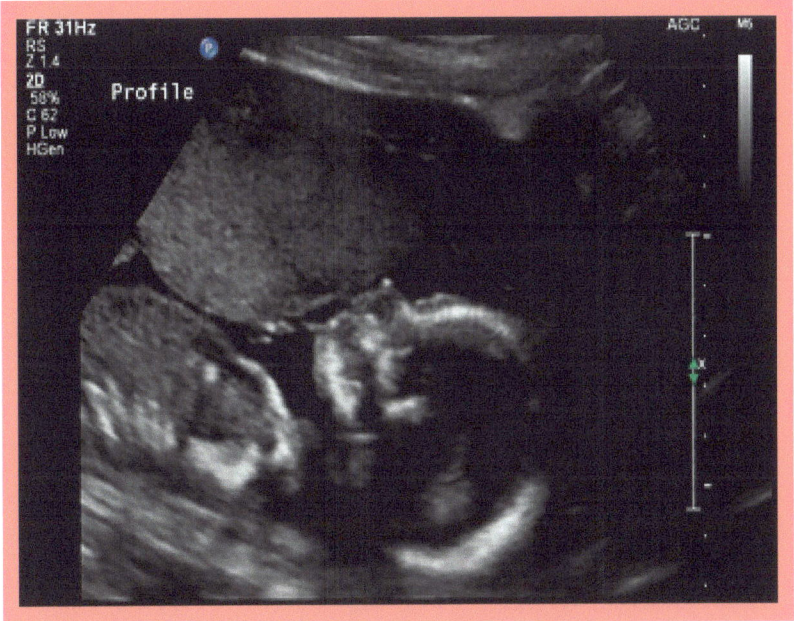

IT-TIELET TRIMESTRU

L-IŻVILUPP TAL-FETU

FL-ERBA U GĦOXRIN ĠIMGĦA

Sustanza protettiva qiesa xema tibda tgħatti l-ġilda tal-fetu li mat-twelid din titlaq jew tassorbi ruħa. *Footprints* u *fingerprints* jibdew jiffurmaw ukoll. Il-fetu jipprattika n-nifs billi jiġbed il-fluwidu tal-borqom fil-pulmuni li jkunu qed jiżviluppaw.

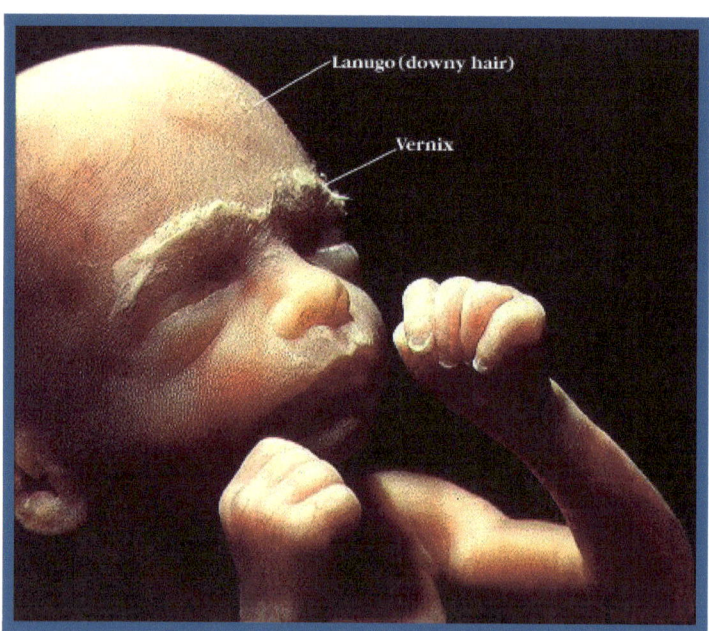

BEJN IL-HAMSA U GHOXRIN U T-TMIENJA U GHOXRIN GIMGHA

L-izvilupp tal-mohh jibda jghaggel sa dan iz-zmien u s-sistema nevrotika tkun tista wkoll tikkontrolla xi funzjonijiet mill-gisem. Wara 25 gimgha hemm cans ta 60% li tarbija tghix jekk titwieled imma l-fetu huwa konsidrat vijabli ta 28 gimgha u hemm ghandu 90% cans li jghix jekk jitwieled.

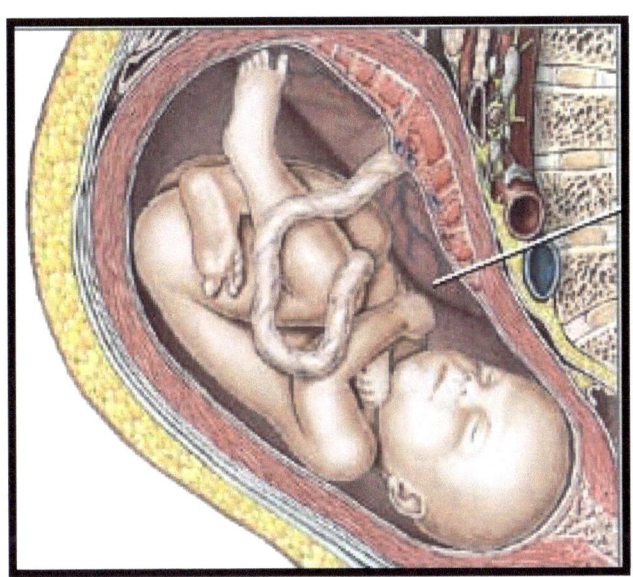

BEJN ID-DISGHA U GHOXRIN U T-TNEJN U TLETIN GIMGHA

Iz-zieda ta xaham fil-fetu tizdied b'mod sostanzjali, in-nifs ikun aktar regolari imam l-pulmun ma jkunx ghadu matur bizzejjed. Il-fetu jibda jorqod bejn 90 u 95% tal-gurnata. Jekk it-tarbija titwieled f'dan iz-zmien hemm cans ta 95% li tghix.

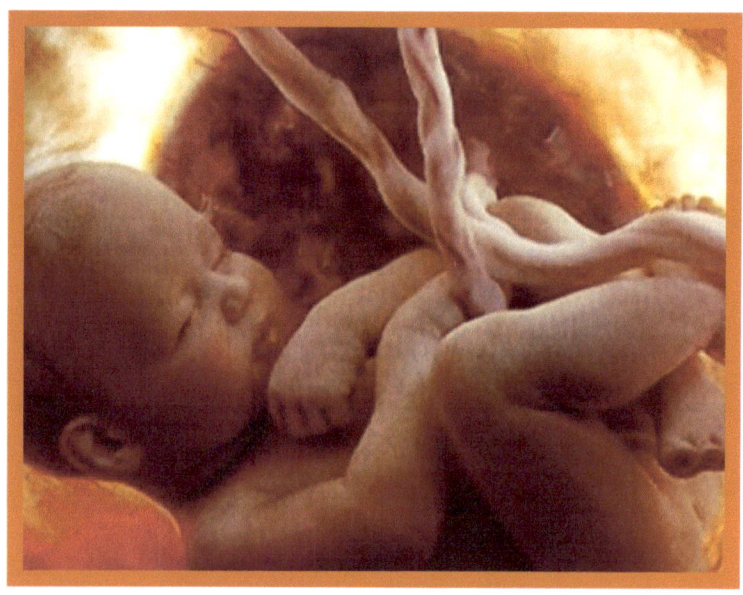

BEJN IT- TMIENJA U TLETIN U L-ERGHBIN GIMGHA

Il-fetu issa jista jissejjah li hu shih. Fuq ir-ras tat-tarbija tibda tara x-xaghar li jkun xi ftit ohxon ukoll. Il-pulmun immature. Il-piz tat-tarbija ikun bejn wiehed u iehor 3.4 kili. Fit-twelid tat-tarbija, l-placenta u l-kurdun jinqata meta t-tarbija tiehu l-ewwel nifs taghha barra.

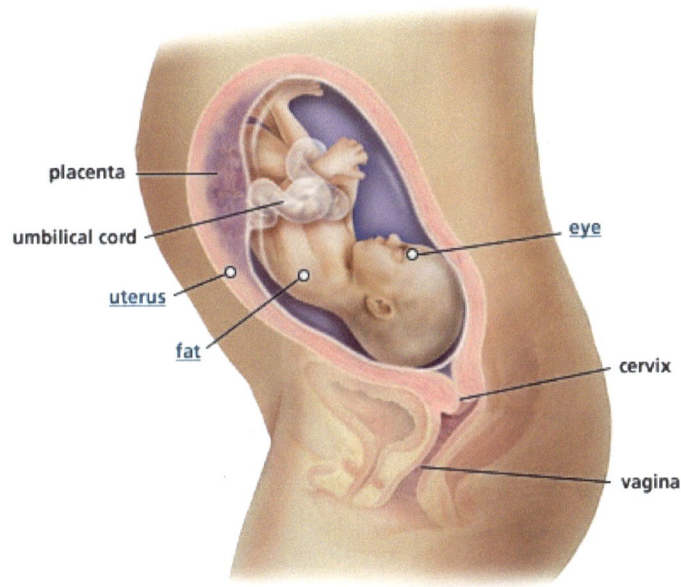

IL-GISEM TA' L-OMM FIL-BIDU TAT-TQALA

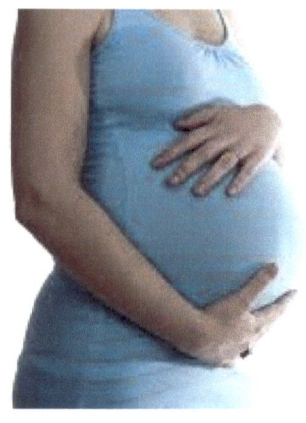

Il-Koncepiment, generalment jsir wara gimghatejn tac-ciklu mestrwali u fi zmien meta tovula. Fl-ewwel erba' gimghat tat-tqala, mara, probbali ma tinnota l-ebda sintomi differenti. L-ewwel li tinduna generalment huwa li ma kelliex ciklu mestrwali.

Sakemm tasal fit-tmin gimgha tat-tqala, probabbli tkun ga tlifet zewg cikli ghalkemm hawn xi nisa xorta jistghu jaraw ftit demm fl-ewwel gimghat tat-tqala. Dejjem tkellem mal-qabla jew tabib jekk tara ftit demm, partikolarment jekk ikollok l-ugigh fl-istonku.

Il-guf generalment jikber fid-daqs ta lumija bejn is-sebgha u t-tmin gimgha tat-tqala u generalment tibda thossok ftit ghajjiena. Taf thoss ukoll ugigh f'sidrek u thossu jikber fil-waqt li taghddi aktar urina spiss mis-soltu. Ftit nisa jafu jhossuhom ukoll ma jifilhux f'dan iz-zmien. Hemm xi nisa wkoll li jieqfu jirremettu fil-ghodu wara l-ebatax gimgha tat-tqala.

TILQIM

Jekk jista jkun, mara ghandha tevita li tohrog tqila sa xahar wara li tkun hadet it-tilqim.

Dawn huma it-tilqim li mara tajjeb tiehu sa xahar qabel it-tqala taghha.

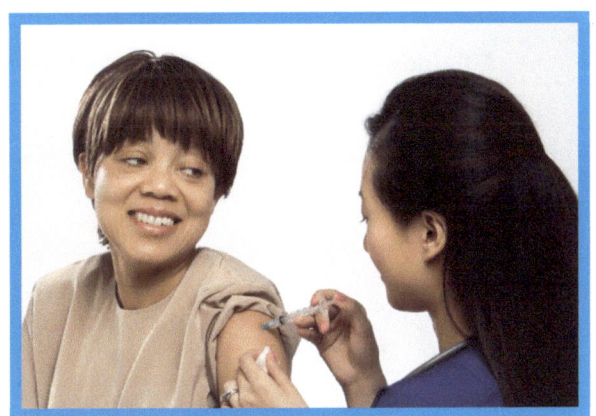

- Hepatitis A
- Pneumococcal vaccine
- Polio (IPV)
- Anthrax
- Japanese encephalitis
- Typhoid
- Vaccinia
- Yellow fever
- LAIV
- Measles
- Mumps
- Rubella(german measles)
- Vermicelli (chicken pox)
- BCG (tuberculosis)

Dawn il-vaccini huma rakkomandati ghan-nisa tqal b'riskju ghal infezzjoni ta:

- Hepatitis B
- Influenza
- Tetanus/Diphtheria
- Meningococcal
- Rabies

JEKK JGHATIK HAS HAZIN

Xi kultant hemm it-tendenza li mara tqila jhossha hazing minhabba li tinzlilha il-pressjoni u aktar u aktar fis-sajf ikollha deidrazzjoni jew nuqqas ta melh minhabba s-shana. Jista wkoll ihossha hazing minhabba ipoglicemija jew ghax ikollha waqfien fit-tul. Huwa mportanti hafna li tixrob hafna ilma jew meraq tal-frott frisk matul il-gurnata. Kul ikliet hfief spissi biex ma jinzillekx iz-zokkor u evita postijiet shan jew bil-wieqfa fit-tul.

X'GHANDEK TAGHMEL JEKK TKUN TQILA

Jekk tahseb li inti tqila, l-ewwel haga li ghandek taghmel huwa test tat-tqala u jekk jigi posittiv tirrikorri ghand qabla jew tabib biex imexxik x'ghandek taghmel. Jekk f'eta tenera tat-tfulja tiskopri li inti tqila taf tkun difficli ghalik, ghalhekk ghandek tfittex l-ghajnuna.

Problemi komuni fit-tqala huma li tara ftit dmighja jew li tirremetti fil-ghodu. Taf ukoll thoss l-emozzjonijiet tieghek jinbidlu minhabba t-taqlib tal-ormini u li tista taffetwa r-relazzjoni tieghek ukoll – fittex l-ghajnuna.

L-ahjar mod u li thossok fi zgur li inti u t-tarbija tieghek f'sahhitkhom huwa li tfittex kull possibilta ta ghajnuna u taghlim waqt it-tqala. Dawn jinkludu wkoll testijiet tal-kura dentali, visti ghand it-tabib u ttehid tal- Vitamina Folika.

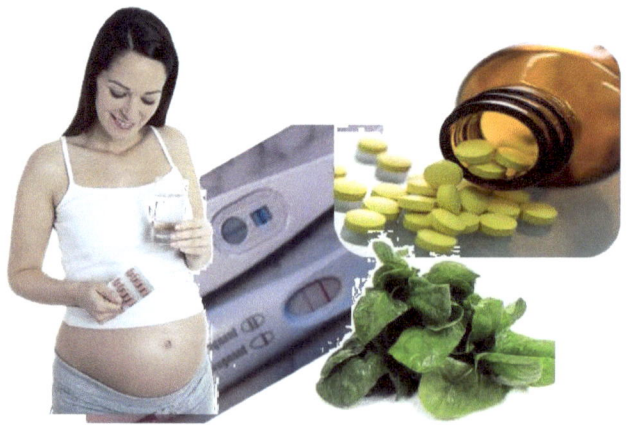

[1]BZONNIJIET PARTIKULARI WAQT IT-TQALA

Il-Kalcju hu wiehed mill-affarijiet ta htiega waqt it-tqala. Il-kalcju ssibu f'halib xkumat u prodotti maghmulin mill-halib bhal gobon u rkotta u kif ukoll haxix ahdar bhal spinaci u brokkoli, kif ukoll fil-hut u l-lew. Dan huwa siwi ghal formazzjoni tal-ghadam u tas-snien. Ghandek bzonn ukoll il-Vitamina D li tghin biex tassorbi il-kalcju tal-gisem. Din tkun fi prodotti bhal margerina u z-zejt tal-huta u kif ukoll tinkiseb direttament mix-xemx.

Bzonn iehor ghal waqt it-tqala huwa l-hadid li huwa mportanti ghac-celluli l-homor li jduru mal-gisem kollu. Waqt it-tqala hemm aktar bzonn tad-demm ghat-tarbija u kif ukoll biex tpatti ghat-telf ta demm waqt il-hlas. Ftit mir-riserva tal-hadid tghaddi ghand it-tarbija mill-omm u tintuza fl-ewwel xhur tal-hajja. Ikel li fih il-hadid huwa laham, haxix u kif ukoll cerejali. Min ikollu nuqqas tal-hadid it-tabib jista wkoll  jordnalu supplementi. Il-vitamina C hija wkoll ghajnuna fl-assorbiment tal-hadid mill-ikel li tiekol. Mhiex ideja hazina li thallat prodotti bil-hadid ma dak li fih il-Vitamina C bhal frott tac-citru, patata, tadam u haxix ahdar. Il-vitamina mehtiega ghal qabel u waqt it-tqala hi l-folic acid li tghasses kontra l-anemija.

---

[1] Nutrition in Pregnancy- Health Promotion Department

Xi haga li hija mportanti hafna wkoll li tiehu huwa madwar 6 jew 8 tazzi ilma kuljum ghax dan jevitalek infezzjonijiet fl-urina, kostipazzjoni u kif ukoll jevitalek li jkollok nuqqas ta ilma fil-gisem.

GWIDA GHAN-NISA LI JAHDMU

Mara li tkun tahdem u tohrog tqila m' ghandiex issib problema bil-karriera. Hafna minn nisa jahdmu sakemm huma tqal u jerghu lura fid-dinja tax-xoghol meta jkunu qed ireddghu.

F'certu postijiet tax-xoghol jista jkun hemm certi riskji li jaffettwaw is-sahha u s-sigurta tal-omm il-gdida.

Generalment il-kundizzjonijiet tax-xoghol li s-soltu huma accettabli ma jibqghux accettabli ghall-mara tqila jew mara li qed treddgha. Jista jkun hemm ukoll xi ligijiet fuq dan.

Min ihaddem ghandu jara li qed josserva l-ligijiet ghan-nisa tqal jahdmu anke jekk ma hemmx f'dak il-mument. Jekk ikun certa riskji ghandu jinforma lil haddiema mill-ewwel. M'hemmx ghalfejn tinforma lill min ihaddem mill-ewwel pero tajjeb li taghmel dan meta huwa l-waqt. Min ihaddmek ghandu jara li m'hemmx riskji kemm fizikament u kif ukoll li m'inthiex esposta ghall xi kimika. Ma tistax terfa oggetti tqal, ma tistax tpoggi bil-qieghda jew toqghod bil-wieqfa ghal tul ta hin. Trid ukoll toqghod attenta ghal mard infettiv, li tkun esposta ghac-comb, li jkollok certa tensjoni, il-pozizzjoni ta kif tpoggi, li tkun esposta ghar-radjoattivita jew nies ipejpu jew trattament xejn xieraq jew vjolenti. Evita wkoll sighat twal ta xoghol u kif ukoll hafna storbju fuq il-post tax-xoghol. Ghamel kemm tista waqfiet ta mistrieh. Mur it-toliet spiss u ixrob hafna fluwidi spiss ukoll.

Wara dan kollu ma ninsewx ukoll d-drittijiet tal-maternita. Ghandek il-'maternity leave' u jew fil-kaz tar-ragel il-'parental leave'.

X'GHANDEK TIEKOL

Certu studji juru li aktar ma l-omm tiekol tajjeb aktar hemm iċ-ċans li t-tarbija titwieled b'saħħitha. Li tiekol ftit jew li tiekol ftit minn dak li hemm bżonn huwa ta riskju li t-tarbija titwieled qabel iż-żmien jew żgħira, ikollha d-

difetti jew problem bin-nifs . B'nuqqas ta ikel jew li tkun malnutrit tista wkoll titwieled tarbija mejta jew iddum biex it-tarbija tiżviluppa. Minn naħa tal-omm tista wkoll ikollha aktar cans ta dardir fil-għodu, konstipazzjoni , aċtu fl-istonku jew bugħawwieġ fil-muskoli. Malnutriment jista jfisser ukoll kumplikazzjonijiet waqt it-tqala bħal anemija, pressjoni għolja, aktar diffikulta biex twelled u ċans akbar li tkun ċesarja. Hemm għaxar raġunijiet għaliex għandek tbiddel il-mod kif tiekol:

- Kemm il-bżonn nutrittiv kif ukoll il-funzjoni intestinali jinbidlu
- Ikollok xewqat ta certu ikel u għalhekk trid toqgħod attenta x'tip minn dan l-ikel tista tieħu
- L-ammont ta ikel li tiekol jinbidel. Jista jsir inqas u tiekol bħat-tfal u jista jaqbdek ħafna aktar ġuħ mis-soltu.

- Ghadek bzonn izzied l-ammont ta kaloriji bi 300 ma dak li suppost tiekol is-soltu, basta jkun ikel adekwat.
- Il-gisem bi tqala jkollu bzonn certu nutrijenti bhall proteini, karboidrati, ftit xaham, vitamini, minerali bhal kalcium u hadid u anke ilma.
- Il-bzonn ghal certu xaham jinbidel. L-aqwa nutriment tax-xaham tista ssibu fil-hut, avocado u zejt vegetali. Ghandek bzonn ukoll ftit prodotti tal-halib u ftit xaham mill-laham.
- Il-bzonn tal-kolesterol jinbidel. Il-gisem bi tqala u t-tarbija ghandhom bzonn aktar kolesterol ghall-ormoni tat-tqala. L-ormoni tat-tqala jaghmlu u jimmetabolizzaw il-kolesterol naturali xorta waqt it-tqala.
- Il-proteini ghandhom bzonn li jinbidlu. Ghandek bzonn dawn il-proteini waqt it-tqala:

❖ Sandwich bil-gobon
❖ Cerejali u halib jew Yogurt
❖ Ghagin u gobon
❖ Soppa tal-fazola
❖ Pudina tar-ross
❖ Fazola u ross
❖ Ghagin biz-zalza tal-laham
❖ Brokkoli biz-zalza tal-gobon

- Il-karboidrati ghandhom bzonn jinbilu wkoll. Tista tiehu banana, ghagin, patata, qamh u zerriegha.
- Il-hadid irid jinbidel. Dan u necessarju biex jaghmel dmighja minhabba n-nutriment tat-tarbija. Nuqqas ta hadid jaghmel l-omm aktar ghajjiena.

Ixrob hafna ilma jew fluwidi ohra biex tnaqqas ic-cans ta infezzjonijiet u evita li tixrob kafe u te.

X'MA GHANDEKX TIEKOL

Hemm certu ikel li ghandek tevita waqt it-tqala minhabba l-fatt li jistghu iwegghu lilek jew lit-tarbija.
Kun zgur li tevita dan it-tip ta ikel.

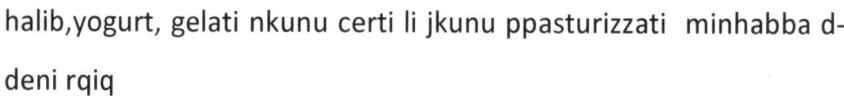

- Laham nej
- Certu tip ta gobon artab,

halib, yogurt, gelati nkunu certi li jkunu ppasturizzati minhabba d-deni rqiq

- Bajd nej jew b'nofs sajran
- Pate'
- Fwied minhabba l-limitu ta Vitamina A

- Kaffeina
- Hut specjalment nej
- Karawett minhabba l-allergiji
- Sushi
- Hut immarinat

- *Herbal teas* minhabba kaffeina jew kimici ohra li jistghu jkunu ta dannu ghat-tarbija.

²EZERCIZZJI WAQT IT-TQALA

Hafna nisa tqal ihossuhom tajbin hafna meta jaghmlu xi ezercizzji waqt it-tqala. Biex taghmel xi ezercizzji tajjeb li tiddiskutihom mat-tabib tieghek biex zgur ma taghmilx hsara lit-tarbija. Inti u t-tarbija jkollkhom beneficcji kbar jekk taghmel xi ezercizzji. Dawn igegheluk thossok ahjar fizikament minhabba daharek u  anke l-livel ta l- energija joghla. Thossok ukoll ahjar mentalment.

Beneficcji mill-ezercizzji huma:

- Ghajnuna ghad-dahar minhabba li jissahu l-muskoli tad-dahar, u s-saqajn u l-warrani.

- Tnaqqas l-istitikezza u tmexxi l-ikel ahjar

---

² http://kidshealth.org/parent/nutrition_center/staying_fit/exercising_pregnancy.html

- Tipprevjeni it-tqaghbir fuq il-gogi tal-gisem billi zzomm il-likwidu ta bejn il-gogi attiv
- Jghinek torqod bil-lejl u tirrilassa
- Tidher ahjar
- Jipprepara lil gismek ghat-twelid tat-tarbija, jsahhah il-muskoli u jzomm il-qalb b'sahhitha biex tikkumbatti mat-twelid tat-tarbija.
- Terga ggib il-figura ta qabel aktar malajr minhabba li tkun ghamilt l-ezercizzju.
- Jghinek biex ma jkollokx pressjoni gholja u kif ukoll dijabete fit-tqala

PARIR DWAR L-ILBIES TAT-TQALA

X'tip ta lbies ghandek tilbes waqt it-tqala? Dan jiddependi mill-istil ta hajja li tghix is-soltu pero l-ahjar huma xi qalziet iswed jew xi qalziet li jkun moda bhalha kulur, forsi xi jeans u xi zewg jew tlett flokkijiet ghall fuqhom. Trid toqghod attenta wkoll x'tixtri jekk ikollok xi okkazzjoni partikulari gejja bhal xi tieg biex ma tiddizapuntax ruhek li sakemm wasal it-tieg il-libsa li xtrajt ma tibqax tigik.

Idejalment l-ilbies ta bil-lejl ghandu wkoll ikun tal-qoton biex ma jdejjqekx.

AFFARIJIET ESSENZJALI FIL-BASKET LI TRID TIEHU L-ISPTAR

- 2 *nursing bras*
- Qmis ta bil-lejl li tinfetah minn quddiem
- Hwejjeg ta taht
- *Breast pads*
- 3 pakketti *sanitary towels*
- Affarijiet biex tinhasel bhal *shower gel, tooth brush, tooth paste, face cloth, shampoo*
- Krema ghal-bezzula jekk tkun ha treddghha
- Basket tal- *make-up*
- Moxt u *hairdryer* zghira
- Ftit flus biex tixtri xi magazine jew xi ikla hafifa, etc..
- Ftit zghar ghal xi telefonata jew jekk tuza l-*mobile, mobile charger,* u anke xi numri li tahseb li tigi bzonn

AFFARIJIET ESSENZJALI FIL-BASKET LI TRID TIEHU GHAT-TARBIJA

Tajjar

24 harqa

Hwejjeg ghat-tarbija biex tohrogha mill-isptar

3 Flokkijiet ta taht

3 *Baby grows*

Beritta tat-tarbija

Cardigan

Ingwanti tat-tarbija

Kutra tat-tarbija

Nappy Cream

Kalzetti tat-tarbija

Qlejbiet

Friskatur zghir

[3]KURA GHAL SAQAJK WAQT IT-TQALA

Waqt it-tqala mhux iz-zaqq biss tikber u tespandi imma wkoll is-saqajn. Is-saqajn ihossu l-effet tal-ligamenti jerhu bhal kumplament tal-gisem u anke minhabba l-piz li jizdied, mhux impossibli li z-zraben ma jibqghux jiguk. Hafna minn nisa tqal ikabbru z-zarbun taghhom b'nofs daqs ikbar.

Modi mportanti ghal saqajk:

- ❖ Serrah saqajk kemm tista.
- ❖ Jekk tista iddumx bil-wieqfa fit-tul
- ❖ Ghamel xi ezercizzji ghall-saqajk bhal tigbed saqajk l'quddiem u tpoggi il-pala ta saqajk f'pozizzjoni bis-swaba ippuntati l-fuq u ghamel moviment forma ta cirku b'saqajk.
- ❖ Ipprova li xi hadd jimmassaggjalek il-pala ta saqajk
- ❖ Fl-ahhar tal-gurnata tista wkoll tpoggi saqajk f' ilma fietel
- ❖ Halli saqajk jiehdu l-arja u ilbes kalzetti tal-qoton.
- ❖ Tuzax tkaken u ilbes zraben rotob u minghajr lazzijiet
- ❖ 'Arch support' ma taghmilx hazin anqas gewwa z-zarbun

---

[3] You're Pregnant , sponsored by Special Delivery, pg 24 (by Louisa Bugeja)

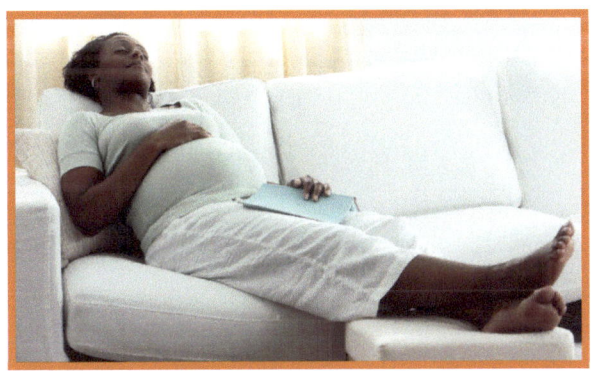

Waqt it-tqala jistghu ukoll johorgulek xi vini rqaq. Jekk tilmah xi vini fil-parti ta isfel tas-saqajn li jintefhu , jihmaru u jweghuk hafna, huwa tajjeb li tikkonsulta mill-ewwel mat-tabib minhabba xi trombozi.

Biex tnaqqas li johorgulek il-vini varikuzi trid:

- ❖ Evita li tpoggi bil-qieghdha jew bil-wieqfa fit-tul
- ❖ Issallabx saqajk meta tkun bil-qieghda.
- ❖ Gholli saqajk waqt li inti bil-qieghda.
- ❖ Imtedd u ghorqod in-naha tax-xellug
- ❖ Ilbes ilbies mhux issikkat mieghek u tilbisx qliezet u kalzetti issikkati li ma jhallux ic-cirkolazzjoi tad-demm timxi.
- ❖ Ilbes 'support tight' u ilbishom qabel tqum mis-sodda fil-ghodu biex ma taghtix cans il gravita tohrglok il-vini. Evita li tilbes kalzetti sal-irkobb

BUGHAWWIEG

Fil-pexxun hemm it-tendenza wkol li jaqbdek bughawwieg ftit sever u spiss specjalment bil-lejl. Dan huwa assocjat man-nuqqas ta melh jew deidrazzjoni. Jistghu jghinuk ikel maghmul b'hafna kalcju jew frott tac-citru. Ghoqod attenta li ma tilbisx tkaken u mmassagga dik il-parti li torqodlok jew imxi ftit.

⁴IL-MUMENT META TREDDGHA IT-TARBIJA

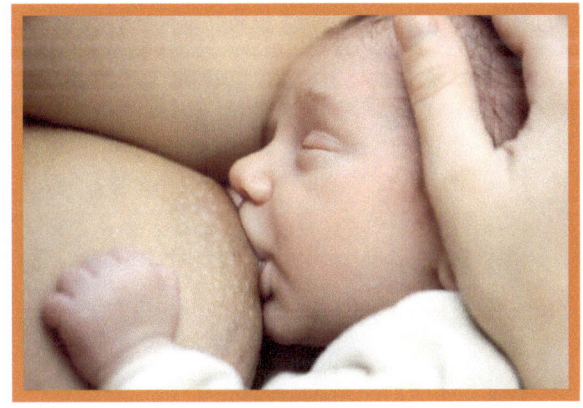

Meta mara thares lura u tiftakar fil-mumenti li kienet treddgha lit-tarbija taghha, tiftakar kemm kien hemm vicinanza u rabta shiha bejna u bejn it-tarbija. Din ir-rabta tinhass l-istess bhalma meta t-tarbija kienet ghadha fil-guf tal-omm. Meta taghzel u jekk tkun tista wkoll, li treddgha lit-tarbija tieghek, il-gisem jibqa kontinwament jipprovdi l-ikel, l-kumdita, s-shana u s-sigurta lit-tarbija tieghek. Ladarba hdimt il-bazi mat-tarbija tieghek, ikun aktar facli t-trobbija u lir-rwol bhalha omm.

❖ **Hija verita li hafna ommijiet ma jipproducuwx bizzejjed halib ghat-tarbija?**

Ma nahsibx. Il-verita hi li forsi it-tarbija ma tkunx qabdet sew mas-sider tal-omm u ghalhekk ma tkunx qed tixrob bizzejjed. Huwa mportanti ferm li l-omm il-gdida titlob l-ghajnuna dwar dan. Ladarba it-tarbija taqbad sew ma l-omm, din zgur tigi nutrita kemm hemm bzonn.

---

[4] You're Pregnant , sponsored by Special Delivery, pg 16-18 (by Louisa Bugeja)

❖ **Omm b'sider zghir tipproduci inqas halib minn dik b'sider kbir? Nisa bi bziezel catti jew maqlubin ma jistghux ireddghu?**

Le mhux minnu. It-trabi ma jixorbux mill-bezzula imma mis-sider ghalkemm tkun iktar facli ghall-tarbija li taqbad mas-sider ta l-omm meta jkollha l-bezzula kbira.

❖ **Huwa normali li l-omm tweggha waqt li treddgha?**

Le mhux vera. Fil-bidu jistgha jkun hemm ftit sensittivita' pero din hi biss ghal-ewwel ftit jiem. Jekk ikun hemm ugigh ghall aktar minn hames jew sitt ijiem l-ahjar hu li tirrikorri ghand it-tabib.

❖ **Tarbija li tigi mreddgha ghandha bzonn aktar ilma it-temp shun?**

Le. Il-halib tal-omm fih bizzejjed ilma li t-tarbija ghandha bzonn kif ukoll Vitamina D
li din tigi mahzuna waqt it-tqala.

❖ **Huwa aktar facli li taghti l-halib mill-flixkun milli mis-sider?**

Dan mhux minnu. Jaqbel li l-omm titlob l-ghajnuna mill-ewwel biex treddgha lit-tarbija biex wara ftit tkun drat is-sistema u ssibha aktar facli biex treddgha.

❖ **Vera li l-omm tintrabat meta treddgha?**

Le. Jiddependi kif inti thares lejha. Tarbija tista treddaghha kullimkien u kull hin. Ma ghandekx tikkonfondi fejn isahhan il-halib u fejn tisterelizza.

❖ **Huwa vera li ma tkunx taf kemm hadet halib it-tarbija?**

Le. M' hemmx mod facli li jiggarantixxi kemm it-tarbija tkun xorbot, pero xorta tista tkun taf li t-tarbija hadet bizzejjed. L-ahjar mod huwa li t-tarbija tixrob ghall hafna minuti ma kull darba li jmissek treddaghha.

❖ **Li tippompja l-halib huwa mod tajjeb biex tkun taf kemm ghandha halib l-omm?**

Le. Kemm tippompja halib jiddependi minn diversi fatturi, inkluz it-tensjoni tal-omm. It tarbija mreddgha tista tiehu aktar mill-l-omm tista tippompja.

❖ **Jekk l-omm ikollha infezzjoni, ahjar tieqaf treddgha?**

Le jekk l-omm ikollha infezzjoni ahjar jekk tkompli treddgha ghax sakemm l-omm ikollha d-deni, solgha, tirremetti jew dijareja din tkun tiga ghaddiet lit-tarbija l-infezzjoni li kellha u ghalhekk l-ahjar huwa li t-tarbija tibqa tigi mreddgha biex tevita tkun ma tiflahx.

❖ **Jekk it-tarbija jkollha dijareja jew tirremetti, twaqqaf li treddaghha?**

Jekk it-tarbija ghandha infezzjoni fl-imsaren, il-halib ta l-omm huwa l-ahjar haga ghat tarbija. Waqqaf ikel iehor ghal ftit pero ibqa reddgha lit-tarbija ghax it-tarbija dak biss ikollha bzonn sakemm ma hemmx xi kaz specjali.

❖ **Il-halib artificjali huwa kwazi l-istess bhal dak tas-sider ta l-omm?**

Le. Il-halib artificjali ma fiehx antikorpi, celloli hajjin, enzimiu ormoni. Il-proteini u x-xahmijiet huma totalment differenti mill-halib tal-omm. Il-formoli uzati fil-halib artificjali ma jvarjawx skond il0bzonn tat-tarbija bhalma hu l-halib tal-omm li jkun addattat ghat-tarbija tieghek.

❖ **Omm li tkun qed tiehu l-medicina ma tistax treddgha.**

Mhux vera. Hemm xi medicini li l-omm ma tistax tiehu waqt li qed treddgha jew tista tiehu alternattiva ghalihom. It-telf ta beneficcju ghat-treddiegh tat-tarbija hetieg li jigi kkunsidrat qabel twaqqfu ghal kollox.

❖ **Wara li l-omm taghmel xi ezercizzji ma ghandiex treddgha lit-tarbija.**

Dan huwa assolutamet mhux veru. Ma hemm l-ebda raguni li l-omm ma treddghax wara li taghmel xi ezercizzju.

❖ **Li treddgha tewmin huwa difficli.**

Dan mhux vera. Huwa aktar facli li treddgha tewmin milli taghtihom 'bottle' meta inti tkun qed treddgha lit-trabi sewwa. Kull ma jitlob huwa ftit aktar hin biex treddgha tnejn u anke kien hemm minn reddgha tlieta wkoll. Il-fatt li jkollok tewmin jew tlieta xorta wahda jiehdulek ftit aktar hin f'kollox.

❖ **L-omm trid taghti ftit hin biex terga treddgha lit-tarbija taghha.**

Dan mhux vera. Mara li tkun qed treddgha, il-gisem jiehu hsieb wahdu, u jekk ikun nieqes mill-halib il-gisem jerggha jipproduci l-halib wahdu ghall meta jkun il-waqt li t-tarbija tigi bzonnu.

❖ **Li treddgha tarbija war li taghlaq sena ghandha ftit valur ghax il-kwalita tal-halib tas-sider jinbidel wara sitt xhur.**

Mhux vera. Il-kwalita tal-halib tal-omm jinbidel skond il-bzonnijiet u l-htigijiet tat-tarbija anke meta t-tarbija tibda tiekol ikel solidu. Halib tal-omm huwa dejjem tajeb specjalment fl-ewwel ftit snin tat-trobbija tat-tarbija minhaba l-fatt li t-tarbija tkun qed tibni is-sistema immunitarja taghha.

www.ingramcontent.com/pod-product-compliance
Lightning Source LLC
Chambersburg PA
CBHW041110180526
45172CB00001B/189